BEI GRIN MACHT SICH IHR WISSEN BEZAHLT

Mirko Krotzky

Kompetitive und allosterische Hemmung enzymatischer Reaktionen

Biologie in der Sekundarstufe II: Zellbiologie - Enzymatik

GRIN Verlag

Bibliografische Information der Deutschen Nationalbibliothek:

Die Deutsche Bibliothek verzeichnet diese Publikation in der Deutschen National-
bibliografie; detaillierte bibliografische Daten sind im Internet über http://dnb.d-
nb.de/ abrufbar.

Impressum:

Copyright © 2013 GRIN Verlag GmbH
Druck und Bindung: Books on Demand GmbH, Norderstedt Germany
ISBN: 978-3-656-52416-8

Dieses Buch bei GRIN:

http://www.grin.com/de/e-book/214711/kompetitive-und-allosterische-hemmung-
enzymatischer-reaktionen

GRIN - Your knowledge has value

Der GRIN Verlag publiziert seit 1998 wissenschaftliche Arbeiten von Studenten, Hochschullehrern und anderen Akademikern als eBook und gedrucktes Buch. Die Verlagswebsite www.grin.com ist die ideale Plattform zur Veröffentlichung von Hausarbeiten, Abschlussarbeiten, wissenschaftlichen Aufsätzen, Dissertationen und Fachbüchern.

Besuchen Sie uns im Internet:

http://www.grin.com/

http://www.facebook.com/grincom

http://www.twitter.com/grin_com

Gesamtschule

[Adressdetails aus Anonymisierungsgründen gelöscht]

Schriftliche Unterrichtsplanung

im Fach Biologie in der Sekundarstufe II

Name:	Mirko Krotzky (StR)
Schule:	[Oberstufengymnasium]
Fach:	Biologie
Datum:	
Zeit:	[90 Minuten]
Kurs:	[Jahrgangsstufe 11]
Raum:	

1. Thema der Unterrichtseinheit

Katalysatoren des Lebens: Enzyme. – Die Erkundung des Baus und der Wirkungsweise von Enzymen sowie der Einflüsse auf Wirksamkeit, Aktivierung und Hemmung.

2. Sachanalyse und Einordnung der Stunde in die Unterrichtsreihe

Die zugrundeliegende Reihenplanung basiert auf dem novellierten Oberstufenlehrplan Biologie des Hessischen Kultusministeriums für den gymnasialen Bildungsgang; dort heißt es: „Grundlage für das Funktionieren des Organismus ist das Zusammenspiel der Zellen, Gewebe und Organe, die durch stoffliche Signale mit Hilfe verschiedener Transportmechanismen miteinander kommunizieren. Mit dem Thema „Ernährung" wird ein Gesundheitsaspekt aufgegriffen. Hierbei sollen Enzymreaktionen (Katalyse) zur Verarbeitung der verschiedenen Nahrungsinhaltsstoffe [...] thematisiert werden."[1]

Die vorliegende Unterrichtsreihe „Die Zelle als Teil eines Organismus" umfasst die Einordnung der einzelnen Zelle in die unterschiedlichen biologischen Strukturebenen: Ausgehend von strukturellen Gruppen (Produzenten, Konsumenten, Destruenten) und grundlegenden Stoffkreisläufen (Sauerstoff, Kohlenstoffdioxid) haben die Schülerinnen und Schüler (nachstehend „SuS") zunächst einen allgemeinen Überblick bezüglich des Zusammenspiels von Assimilation und Dissimilation erworben, wobei die Fotosynthese exemplarisch mit Hilfe historischer Versuche sowie eines Schülerversuchs zur O_2-Entstehung am Modellorganismus *Elodea* (Wasserpest) erarbeitet wurde. Die Zellatmung wurde in ihren Teilschritten (Glykolyse, Zitronensäurezyklus, Atmungskette) im Detail mit Hilfe von Strukturdiagrammen, Schemazeichnungen und Computeranimationen erarbeitet. Über die diesem Unterrichtsentwurf zugrundeliegende Unterrichtseinheit zur Katalyse durch Enzyme soll schlussendlich die Rückkehr zur Organismusebene eingeleitet und ermöglicht werden, indem unter Rückbezug auf katalytische Reaktionen eine Anbindung an den Stoffwechsel von der Zelle bis zum gesamten Organismus in Form einer abschließenden Gesamtübersicht verfolgt wird.

In der Vorstunde wurden der Bau und die Wirkungsweise von Enzymen über einen Schülerversuch zur Stärkespaltung im Weißbrot durch Speichel-Amylase eingeleitet, wobei die SuS die bereits von der Fotosynthese bekannte Nachweisreaktion mit Jod-Kaliumiodidlösung durchführten. Auf dieser Basis wurde der grundlegende enzymatische Reaktionsverlauf besprochen, wobei die Begriffe Aktivierungsenergie, Substrat- und Wirkungsspezifität („Schlüssel-Schloss-Prinzip") sowie Enzym-Substrat-Komplex verdeutlicht wurden.

Bereits aus der vorausgehenden Unterrichtseinheit zur Zellatmung ist den SuS in Ansätzen die tragende Rolle von Enzymen in der Zelle bekannt, indem Vorgänge der Substratumsetzung nur mit Hilfe spezifischer Enzyme und deren „unterstützender" Tätigkeit in der Zelle ablaufen. Thema der vorliegenden Stunde soll es nunmehr sein zu klären, wie eine Steuerung und Beeinflus-

---

[1] Hessisches Kultusministerium 2010, S. 31.

2

sung der Enzyme selbst in punkto Aktivität und Wirksamkeit erfolgen kann. Als zwei grundlegende Mechanismen zur Hemmung bzw. Regulation der Enzymaktivität gelten sowohl die kompetitive als auch die allosterische Hemmung (bzw. Regulation), deren Bedeutsamkeit nicht nur bei rein körpereigenen Reaktionsprozessen, sondern auch im Zusammenspiel mit anorganischen Komponenten wie Schwermetallionen oder mit energiereichen Strahlungsarten deutlich wird.

Die SuS werden zunächst mit einer Grafik eines unbeeinflussten enzymatischen Reaktionsverlaufs konfrontiert, anschließend wird diese Grafik durch zwei Reaktionsverläufe nach Zugabe eines kompetitiven und eines allosterischen Hemmstoffs ergänzt; beide Vorgänge sind den SuS bislang unbekannt. Aus genannter Grafik wird die Problemfrage der Stunde entwickelt, in der die SuS nach Gründen für die veränderten Reaktionsverläufe suchen. Nach der Sammlung von geeigneten Hypothesen werden die SuS in arbeitsteiligen Gruppen mit den beiden unterschiedlichen Hemmvorgängen vertraut gemacht. Im Anschluss dieser Erarbeitung essentieller Grundlagen werden von den SuS darauf basierende Funktionsmodelle zur Verdeutlichung beider Vorgänge entwickelt, welche vor der gesamten Lerngruppe präsentiert werden. Im Anschluss daran bietet sich in häuslicher Bearbeitung eine Modellkritik an, zumal die SuS kein „vorgesetztes" Modell kritisieren, sondern sich vielmehr mit ihrem eigenen Fertigungsprodukt auseinandersetzten sollen. Durch die Allgemeingültigkeit der beiden erarbeiteten Hemmvorgänge können die erworbenen Kenntnisse außerdem relativ einfach auf verschiedenste Stoffwechselprozesse der Zelle übertragen und auf Relevanz hin analysiert werden. Aus diesem Grund wird hierbei nicht nur im Sinne einer didaktischen Reduktion auf die Darstellung spezifischer Molekülstrukturen von Substrat, Enzym und Inhibitor im Verlauf der Unterrichtsstunde verzichtet.

Die der Unterrichtseinheit zugrundeliegenden Lerninhalte gliedern sich in folgende Doppelstunden:

1. Stunde (DS) *Wichtige Helferlein: Bau und Wirkungsweise von Enzymen* – Der Einstieg in die Enzymatik erfolgt über einen Schülerversuch zur Stärkespaltung. Exemplarisch werden die Begriffe Substrat- und Wirkungsspezifität am Schülerversuch hergeleitet. Im Anschluss erfolgen die Betrachtungen des molekularen Enzymaufbaus mit aktivem Zentrum, Enzym-Substrat-Komplexes und entstehenden Produkts (Bezug zum Einstiegsversuch). Mit Hilfe eines schuleigenen Funktionsmodells wird hierbei das Schlüssel-Schloss-Prinzip verdeutlicht.

2. Stunde (DS) **Stoffwechsel nur auf Befehl: Hemmung enzymatischer Reaktionen** – Über eine kombinierte Reaktionsgrafik erschließen die SuS den (hemmenden) Einfluss verschiedener Stoffbeigaben zur Enzym-Substratlösung. Zur genauen Klärung der potenziell erfolgenden Hemmvorgänge führen die SuS eine gruppenteilige Arbeitsphase durch, in der sie die zwei grundlegenden Hemmvorgänge (kompetitiv und allosterisch) erarbeiten, diese in einem selbstgebauten Funktionsmodell umsetzen und ihr Modell kritisch auf Funktionalität hin überprüfen. Ein resümierender Animationsfilm bündelt die gesammelten Erkenntnisse.

3. Stunde (DS)   *Regulativ oder destruktiv: Interaktion bestimmter Stoffgruppen mit Enzymen* –
Nach häuslich vorbereiteter Modellkritik der SuS zu den Modellen der Vorstunde wird nach der Hemmung auch eine mögliche allosterische Aktivierung von Enzymen mit Hilfe der Modelle besprochen und deren Relevanz in den als Hausaufgabe vorbereiteten Erarbeitungen verortet (→ Regulation). Unter Bezug auf die Erarbeitungen der SuS wird der Verlauf der Reaktionskurven aus der Vorstunde plausibel verdeutlicht. An einem Demonstrationsversuch (Lehrfilm) wird zudem auf die nichtkompetitive (meist irreversible) Hemmung durch Nervengifte und Schwermetallionen eingegangen.

4. Stunde (DS)   *Am liebsten hab ich's warm: Einflüsse auf die Enzymkatalyse* – Von den SuS werden mit Bäckerhefe Katalase-Versuche durchgeführt. Diese werden gruppenteilig ausgewertet und die Ergebnisse (Reaktionsverlauf und Nutzen) im Kurs vorgestellt. Anschließend werden die Versuche unter unterschiedlichen Temperaturbedingungen wiederholt und davon der Temperatureinfluss auf enzymatische Reaktionen abgeleitet. Die gefundene RGT-Regel wird mit Hilfe einer schülergesteuerten Computersimulation schematisch verdeutlicht. Einflüsse des pH-Werts auf die Enzymkatalyse erarbeiten die SuS als Hausaufgabe am Beispiel des Pepsins.

3. Thema der Unterrichtsstunde

Stoffwechsel nur auf Befehl: Hemmung enzymatischer Reaktionen – Die kompetitive und allosterische Enzymhemmung als grundlegende Regulationsmechanismen.

4. Ziele der Unterrichtsstunde

Übergeordnetes Stundenziel:
Die SuS sollen die Prozesse der kompetitiven und allosterischen Hemmung anhand eigenständig angefertigter Funktionsmodelle beschreiben und erläutern können sowie diese Modelle kritisch auf sachgerechte Funktionalität hin überprüfen.

Teilziele: Die SuS sollen...

- anhand von drei enzymatischen Reaktionsverläufen den unterschiedlichen Kurvenverlauf beschreiben.
- auf der Basis ihrer Beschreibungen eine sinnvolle Fragestellung für den weiteren Stundenverlauf entwickeln.
- über einen Informationstext und vorgegebene Modellelemente (Rohlinge) die Prozesse der kompetitiven bzw. allosterischen Hemmung selbstständig darstellen und erläutern.
- die Modellelemente und ihre Bedeutung für reale Prozesse erfassen und benennen.
- den Nutzen und die Grenzen der eigenständig angefertigten Modelle herausstellen und kritisch beurteilen.
- über einen abschließenden Computer-Animationsfilm die enzymatische Hemmung im Überblick erfassen.
- als gestellte Hausaufgabe die beiden Hemmvorgänge schriftlich zusammenfassen sowie ihre Modellkritik mit Hilfe des Informationstextes überprüfen und modifizieren.

5. Kompetenzbezüge der Lernziele

Obgleich die Bildungsstandards für das Fach Biologie in der Oberstufe derzeit noch nicht vorliegen, können als potenzielle zukünftige Kompetenzbezüge der Lernziele folgende Punkte angesehen werden:
Die SuS wenden Kenntnisse über Phänomene und Sachzusammenhänge sowie über Begriffe, Modelle, Theorien etc. an und vollziehen sowohl eine Verknüpfung als auch Systematisierung von Kenntnissen. Sie beschreiben und erklären biologische Phänomene, bilden Hypothesen und überprüfen diese auf Plausibilität. Die Lernenden veranschaulichen Sachverhalte mit Hilfe von Modellen und vollziehen eine vorhergehende Analyse und Interpretation von Informationstexten. Dies erfordert eine sachgerechte Analyse von Problemen und die Entwicklung von Lösungsstrategien. In der Präsentation achten die SuS auf angemessene Verwendung von Fachsprache und Präsentationstechniken. Sie reflektieren und bewerten abschließend die Validität ihrer Modelle und ordnen ihre Konstruktion einem biologischen Modelltyp zu.

6. Bedingungsanalyse

Seit Beginn des zweiten Schulhalbjahres unterrichte ich im GK Biologie [Löschung] der Jahrgangsstufe 11 an der [Schulname gelöscht]. Der verhältnismäßig kleine Grundkurs setzt sich aus insgesamt [Anzahl gelöscht] Schülerinnen und Schülern zusammen, davon [Anzahl gelöscht] Mädchen und [Anzahl gelöscht] Jungen, was einer besonders intensiven Zusammenarbeit der Lerngruppe vor allem in kooperativen Phasen zugutekommt. Zudem ermöglicht die geringe Kursgröße den variantenreichen Medieneinsatz, insbesondere EDV-basierte Lern- und Präsentationssoftware sowie Simulationsprogramme (vgl. Einheitsplanung). Die Wochenstundenzahl des Biologieunterrichts in der Einführungsphase der Oberstufe beträgt zwei Stunden, wobei grundsätzlich nach dem Doppelstundenraster verfahren wird. Dies bietet vor allem im Hinblick auf forschend-entwickelnde Unterrichtsverfahren einen enormen Vorteil, da durch die zeitliche Entzerrung ein regelmäßiges Vorgehen nach dieser Methode gewährleistet ist.

Im Kurs herrscht ein harmonisches Arbeitsklima, was die problemlose Zusammenstellung variantenreicher Lern- und Arbeitsgruppen während kooperativer Lernformen ermöglicht. Vor allem über diesen Weg lassen sich Verständnisprobleme und Lernschwierigkeiten erfahrungsgemäß gut abfedern. Regelmäßig finden Gruppenarbeitsphasen mit wechselnden Zusammensetzungen statt, teilweise durch Zufallsprinzip bestimmt, größtenteils jedoch durch schülerinitiierte Bildung von Neigungsgruppen, welche eine effektive Zusammenarbeit i. d. R. begünstigen.

Abschließend ist zu bemerken, dass ein Teil der Kursteilnehmer in der ersten und zweiten Stunde den Sportunterricht besucht, was in der Vergangenheit bereits wiederholt zu einem geringfügig verspäteten Eintreffen der betreffenden SuS im Biologieunterricht geführt hat. Eine, wenngleich auch leicht, störende Beeinflussung des laufenden Unterrichts war demzufolge unvermeidbar. Trotz mehrmaliger Aufforderung zur Pünktlichkeit gegenüber den SuS und einem Gespräch mit dem unterrichtenden Sportkollegen ist diese Situation noch immer nicht vollständig beigelegt. Eine seit kurzem vorgenommene Umstrukturierung der Pausen und eine damit einhergehende verkürzte erste große Pause auf 15 Min. (09:20 – 09:35 Uhr) haben das Zeitfenster für die SuS noch zusätzlich verkürzt.

7. Hausaufgabe

a) Hausaufgaben zur Stunde:
Um den starken Einfluss der Substratspezifität bei enzymatischen Reaktionen akzentuierend herauszustellen, erhalten die SuS einen Modellversuch zur Wirksamkeit des Enzyms Urease mit seinem Substrat Harnstoff und dessen Derivat Thioharnstoff mit dem Auftrag, die beiden Reaktionswege vergleichend zu interpretieren. Die Ergebnisse sind jedoch nicht Teil der beschriebenen Verlaufsplanung, da die vorliegende Unterrichtsstunde maßgeblich auf den spontanen Überlegungen und Ideenvorschlägen sowie der gemeinsamen Kreativität der SuS basiert und nicht schwerpunktmäßig angewandtes Wissen abgefragt werden soll. Insofern erfolgt die gemeinsame Besprechung der Versuchsergebnisse einhergehend mit der in der vorliegenden Stunde gestellten Hausaufgabe thematisch gekoppelt in der nachfolgenden Unterrichtsstunde.

b) Hausaufgaben zur nächsten Stunde:
Die SuS erhalten ein Arbeitsblatt mit einer grafischen Darstellung der in der Stunde erarbeiteten Hemmprozesse mit dem Auftrag, diese unter besonderer Berücksichtigung der Unterschiede vergleichend zusammenzufassen, diese an konkreten Reaktionsverläufen aus dem Bereich der zuvor behandelten Zellatmung und ihre Bedeutung zu erläutern. Des Weiteren soll das eigene, in der Stunde entworfene Enzymmodell mit Hilfe eines Informationstextes auf biologische Funktionalität beurteilt und einem bestimmten Modelltypus zugeordnet werden.

8. Geplanter Unterrichtsverlauf (60 Minuten)

Thema der Stunde:
Stoffwechsel nur auf Befehl: Hemmung enzymatischer Reaktionen – Die kompetitive und allosterische Enzymhemmung als grundlegende Regulationsmechanismen.

Schwerpunktziel der Stunde:
Die SuS sollen die Prozesse der kompetitiven und allosterischen Hemmung anhand eigenständig angefertigter Funktionsmodelle beschreiben und erläutern können sowie diese Modelle kritisch auf sachgerechte Funktionalität hin überprüfen.

Phasen	Inhaltliche Schwerpunkte	SF / Methoden	Medien
Einstieg	Ablaufinformation per Tafelanschrieb Als Einstiegsimpuls wird eine Folie mit drei verschiedenen enzymatischen Reaktionsverläufen gezeigt, worauf der unbeeinflusste Verlauf und zwei durch Zusatz unterschiedlicher Substanzen gehemmte Verläufe dargestellt sind. Auf die Bezeichnung der beiden Substanzen als *Hemmstoffe* wird hierbei bewusst verzichtet. → Hinführung zur zentralen Fragestellung der Stunde *Antizipierte Schüleräußerungen: Wie werden enzymatische Reaktionen beeinflusst? Wie beeinflussen die zugesetzten Substanzen die Enzymreaktionen? Weshalb hemmen die zugesetzten Substanzen die enzymatischen Reaktionen? usw.*	PL (UG)	linke Tafel PowerPoint
Problemfrage	Herausstellung der zentralen Frage der heutigen Stunde (→ Möglichkeiten der Hemmung enzymatischer Reaktionen) und Sammlung von problembezogenen Hypothesen.		rechte Tafel
Hypothesen-bildung	Antizipierte Schüleräußerungen: *Enzyme werden durch die zugesetzten Substanzen teilweise zerstört. Enzyme werden in ihrer Reaktionsfreudigkeit in irgendeiner Weise beeinflusst. Enzyme erfahren eine Formveränderung, z. B. im aktiven Zentrum. usw.* → Aktivierung des Vorwissens zu enzymatischen Reaktionsverläufen und Möglichkeiten der Beeinflussung		rechte Tafel
Erarbeitung	Vorabinformation zum Arbeitsauftrag und Hinweis auf die drei gestuften Hilfskarten Zeitvorgabe auf der angeschriebenen Ablaufinformation und Verteilen der Arbeitsblätter, Raum für Verständnisfragen Hinweis auf Präsentation der entwickelten Ergebnisse mit Hilfe der zu erstellenden Modelle und Kritik derselben → SuS erarbeiten gruppenteilig den kompetitiven bzw. allosterischen Hemmprozess und entwerfen spezifische Modelle.	PL (LV/UG) GA	AB 1, AB 2 Hilfskarten 1-3, Modellelemente Scheren, Edding
Präsentation	Die jeweiligen Gruppen präsentieren ihre erarbeiteten Hemmprozesse mit Hilfe der entworfenen Funktionsmodelle in kurzen Vorträgen und nehmen eine kritische Beurteilung ihrer Modelle vor. → ggf. werden durch das Plenum Rückfragen gestellt oder Berichtigungen / Ergänzungen eingebracht.	PL (SV/UG)	angefertigte Funktionsmodelle
Sicherung	Nach den Gruppenvorträgen erfolgt eine Absicherung der Erarbeitungen durch das Vorführen eines kurzen Lehrfilms (GIDA), der beide grundlegenden Hemmprozesse in computeranimierter Form zusammenfassend darstellt. → Die Modellkonstruktionen der SuS werden auf diese Art rekapitulierend in allgemeingültiger Form illustriert.	PL (MV)	Lehrfilm (CD)
Schlussphase	Auf Grundlage der Schülervorträge und des Lehrfilms erfolgt ein Rückbezug auf die eingangs aufgestellten Hypothesen und daran anknüpfend deren Verifizierung bzw. Falsifizierung (soweit möglich).	PL (UG)	rechte Tafel
Hausaufgabe Eventualphase	Stellung der HA und Auslegen der dazugehörigen Arbeitsblätter für die Kursteilnehmer; optionales Beurteilungsfazit der konstruierten Funktionsmodelle durch die Kursteilnehmer		AB 3 Funktionsmodelle

Verwendete Abkürzungen bei den Sozialformen: EA = Einzelarbeit, GA = Gruppenarbeit, MV= Medienvortrag, PL = Plenum, SV = Schülervortrag, UG = Unterrichtsgespräch

9. Didaktisch-methodische Begründungen

Um bei den SuS Transparenz über den geplanten Stundenverlauf zu schaffen, wird bereits vor der **Einstiegsphase** ein strukturierender Ablaufplan an der linken Tafel des Kursraums angeschrieben. Zudem sollen die SuS ebenfalls vor Unterrichtsbeginn dabei behilflich sein, die für die geplante Erarbeitungsphase notwendigen Tischgruppen zu stellen, was durch das Vorhandensein von Energiesäulen im Kursraum etwas erhöhten Zeit- und Organisationsaufwand bedeutet. Durch den Einstiegsimpuls über eine PowerPoint-Folie mit drei verschiedenen enzymatischen Reaktionsverläufen sollen die SuS auf das Thema der heutigen Stunde gedanklich vorbereitet und ihr Vorwissen in Bezug auf die Wirkungsmechanismen von Enzymen aktiviert werden. Auf die Bezeichnung der beiden Stoffbeigaben als „Hemmstoffe" wird auf der Folie bewusst verzichtet, da die SuS die darauf abzielende Leitfrage der Stunde aufgrund der Kurvenverläufe selbstständig entwickeln und entsprechende Vorschläge formulieren sollen. Dies erscheint zum einen aus psychologischer Sicht sinnvoll, da eigene Fragen von Grund auf verstanden sind und i.d.R. motivierter bearbeitet werden als vom Lehrer vorgegebene Fragestellungen. Zum anderen soll damit die wichtige Kompetenz, selbst Fragen an einen Gegenstand bzw. eine Situation zu stellen, weiter gefördert werden. Die Beiträge der SuS werden dabei für die spätere Erarbeitung im Sinne eines kontinuierlichen, aufbauenden Stundenverlaufs an der Tafel fixiert; die zentrale Fragestellung wird abschließend zwecks Zielklarheit besonders gekennzeichnet.

Auf der Basis ihres bisherigen Wissens über Enzyme formulieren die SuS in der nächsten Phase sinnvolle und situationsbezogene Hypothesen zu möglichen Einflussfaktoren der Stoffbeigaben. Neben diesen aktiven problemorientierten Überlegungen zu einem durch die Versuchsergebnisse dargestellten spezifischen naturwissenschaftlichen Sachverhalt werden die Lernenden somit explizit auf die sich anschließende Erarbeitungsphase vorbereitet. Die formulierten Hypothesen werden ebenfalls an der Tafel fixiert, um einerseits den Verlaufsprozess transparent zu halten und andererseits eine abschließende Beurteilung derselben in der Schlussphase zu ermöglichen.

Um eine individuelle und aktive Auseinandersetzung mit der Problemfrage in der **Erarbeitungs-phase** zu stimulieren, lesen alle SuS jeweils den ihnen zugeteilten Informationstext zur Hemmung der Enzymaktivität zunächst in Einzelarbeit. In den formulierten Arbeitsaufträgen finden die Operatoren für den Fachbereich Biologie gemäß den Vorgaben des Landesabiturs bereits Anwendung, um die Lernenden frühzeitig mit den Inhaltsfeldern und Anforderungen vertraut zu machen.[2] Anschließend erfolgt in Anlehnung an das Prinzip des kooperativen Lernens (Think-Pair-Share) ein Austausch innerhalb der Tischgruppen, um offene Fragen zu klären, Verständnisschwierigkeiten zu beseitigen und gleichzeitig das korrekte Verständnis der Textinformationen abzusichern. Die nun eingespielten Teams fertigen auf diese Art auch in der nächsten Phase das auf ihren Hemmprozess bezogene Funktionsmodell an. Die Wahl der Modellbildung als methodische Grundlage erscheint an dieser Stelle sinnvoll, da Modelle „der Veranschaulichung wesentlicher Struktur- und Funktionsmerkmale von Objekten oder Vorgängen"[3] dienen. Dabei stellen sie selbst nicht die Wirklichkeit dar, sind allerdings „Hilfsmittel zur Erkenntnisgewinnung, um die Wirklichkeit zu verstehen".[4] Der sonst lediglich auditive und visuelle Zugang zum Lernstoff wird durch die Form dieser Modellbildung durch einen haptischen ergänzt, was dem didaktisch-methodischen Konzept der Handlungsorientierung Rechnung trägt. Da einige Lernende erfahrungsgemäß mit der Umsetzung von Textinformation in modellhafte Darstellungen Schwierigkeiten haben, werden in dieser Phase drei gestufte Hilfskarten angeboten, um das Fortschreiten der Gruppenarbeit an signifikanten Stellen zu gewährleisten und den Lehrer durch das Vorbeugen

---

[2] vgl. HESSISCHES KULTUSMINISTERIUM 2012.
[3] Rainer Stripf 2006. S. 257.
[4] ebd.

gehäufter Verständnisfragen zu entlasten. Die Zeitvorgabe wird den SuS vor Beginn der ersten Erarbeitungsphase mitgeteilt und auf dem Ablaufplan zur weiteren Orientierung festgehalten. Aufgrund der Tatsache, dass jede Gruppe jeweils gleiche Schaumstoffelemente sowie die Vorabinformation erhält, dass eine Vorstellung durch jedes Schülerteam am Ende der Erarbeitungsphase vorgenommen werden soll, sind alle Mitwirkenden in der Verantwortung, zu einem präsentationsfähigen Endergebnis zu kommen. Der Vortrag einer jeden Arbeitsgruppe erscheint insofern sinnvoll, als dass beide Hemmprozesse von jeweils zwei Gruppen bearbeitet werden. Dadurch wird sowohl ein direkter Vergleich beider Modelle für den jeweils identischen Hemmprozess (kompetitiv bzw. allosterisch) als auch – vorbereitend auf die Hausaufgabe – ein übergreifender Vergleich der beiden Hemmprozesse selbst durch die zwei kontrastiven Modelle ermöglicht.

Um möglichst strukturierende und anschauliche **Präsentationen** zu gewährleisten, erhalten alle Arbeitsgruppen bereits auf dem Informationsblatt zur Gruppenarbeitsphase grundsätzliche Hinweise zu Inhalt und Dauer ihrer Vorträge. Hierbei erscheint wesentlich, dass die SuS nicht nur die grundsätzlichen Funktionen der Hemmprozesse mit Hilfe ihrer Modelle veranschaulichen, sondern sich außerdem über Vorteile und Nachteile sowie Grenzen und Risiken ihrer Modelle bewusst werden (Förderung der Bewertungskompetenz). Diesem Sachverhalt soll am Ende der jeweiligen Vorträge durch eine kurze Modellkritik Rechnung getragen werden, die die Gruppenteilnehmer bereits während der Erarbeitungsphase vorbereiten. Anmerkungen und Ergänzungen durch das Plenum sind nach den Präsentationen ergänzend möglich.

Die zusammenfassende **Sicherung** der Erarbeitungen erfolgt durch die Vorführung eines kurzen Lehrfilms, der vom Lehrer entsprechend der unterrichtlich relevanten und dort thematisierten Vorgänge hin überarbeitet und zusammengeschnitten worden ist. Der Film zeigt die beiden Hemmprozesse in computeranimierter Form, wodurch die Modellkonstruktionen der SuS rekapitulierend in allgemeingültiger Form illustriert werden. Die Wahl dieser Darstellungsform als ergänzenden Zugang liegt eine Erweiterung der bisher modellhaften und bildhaften Darstellung durch bewegte Bilder zugrunde, wodurch erfahrungsgemäß letzte Verständnisprobleme der Lernenden gut aufgelöst werden können.

In der **Schlussphase** erfolgt auf Grundlage der Schülervorträge und des Lehrfilms der Rückbezug auf die eingangs aufgestellten Hypothesen und daran anknüpfend deren Verifizierung bzw. Falsifizierung, soweit dies im Rahmen der gesammelten Erkenntnisse möglich erscheint. In einem abschließenden optionalen Beurteilungsfazit können die SuS unter Rückbezug auf die entstandenen Hemmmodelle und die einhergehenden Kritiken begründete Wertungen bzgl. der Eignung der Modelle formulieren, was bereits als Anbahnung und Vorbereitung der Hausaufgabe verstanden werden kann.

Das zur Bearbeitung der **Hausaufgabe** notwendige Arbeitsblatt enthält neben dem angesprochenen Auftrag zur reproduktiven Gegenüberstellung beider Hemmprozesse eine Anwendungsaufgabe zur Verortung der enzymatischen Einflüsse in den bereits bekannten Vorgängen der Zellatmung und damit einhergehend im Stoffwechsel der Zelle. Abschließend ist jeder Lernende aufgefordert, das in der Gruppe angefertigte Modell nochmals konkret und detailliert für sich selbst zu reflektieren und auf Grundlage eines Theorietextes zu verschiedenen Modelltypen fundiert einem bestimmten Typus zuzuordnen.

10. Geplante „Tafelbilder" und Materialien

Ablauf
1. Enzymatische Reaktionsverläufe und Entwicklung der Problemfrage
2. Bildung von Hypothesen
3. Erarbeitung
4. Präsentation und Reflexion
5. Lehrfilm
6. Überprüfung der Hypothesen
7. Zusammenfassung und Hausaufgabe

Enzymatische Reaktionsverläufe
Fragestellungen
- Wie werden enzymatische Reaktionen beeinflusst?
- Wie beeinflussen die zugesetzten Substanzen die Enzymreaktionen?
- Weshalb hemmen die zugesetzten Substanzen die enzymatischen Reaktionen?
Hypothesen
- Enzyme werden durch die zugesetzten Substanzen teilweise zerstört.
- Enzyme werden in ihrer Reaktionsfreudigkeit in irgendeiner Weise beeinflusst.
- Enzyme erfahren eine Formveränderung, z. B. im aktiven Zentrum.

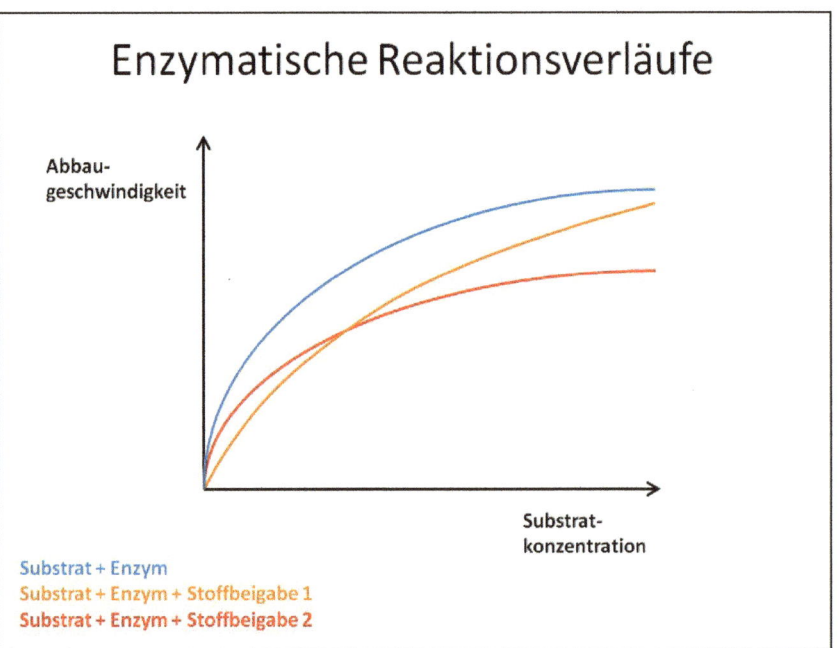

Die kompetitive Hemmung der Enzymaktivität

Bei der Untersuchung enzymatischer Reaktionen im Stoffwechsel der Zellen wurde nach intensiven For-schungsarbeiten Folgendes festgestellt:

Dem **Substrat** ähnlich gebaute Moleküle, so genannte *Inhibitoren* (inhibitare, lat.: Einhalt tun, verhindern), lagern sich – wenn sie in hoher Konzentration vorliegen – am **aktiven Zentrum** der **Enzyme** an. Das Substrat kann sich somit nicht mehr an den blockierten Enzymen anlagern. Die enzymatische Reaktion findet nicht mehr statt und es werden keine Produkte mehr gebildet.
Diese Form der Hemmung wird als **kompetitive Hemmung** (kompetitare, lat.: sich mitbewerbend) bezeichnet.
Da sich in der Regel die Inhibitoren bei sinkender Konzentration wieder schadlos vom aktiven Zentrum des Enzyms lösen, wird diese Hemmung als *reversibel* (reversus, lat.: umkehrbar) bezeichnet.

Arbeitsaufträge:

1. Erstellen Sie in Ihrer Arbeitsgruppe aus den zur Verfügung stehenden Schaumstoffelementen ein geeignetes Modell, welches die beschriebene *kompetitive Hemmung* anschaulich darstellt.
2. Zeigen Sie Vorteile und Nachteile/Grenzen Ihres Modells auf (jedes Gruppenmitglied schriftlich in Form einer Tabelle) und überlegen Sie ggf. Verbesserungsvorschläge.
3. Verfassen Sie einen kurzen mündlichen Vortrag, in dem Sie mit Hilfe Ihres Modells die *kompetitive Hem-mung* beschreiben und Vorteile/Nachteile/Grenzen des Modells herausstellen.

- -

Die allosterische Hemmung (Regulation) der Enzymaktivität

Bei der Untersuchung enzymatischer Reaktionen im Stoffwechsel der Zellen wurde nach intensiven For-schungsarbeiten Folgendes festgestellt:

Bestimmte Moleküle, so genannte *Inhibitoren* (inhibitare, lat.: Einhalt tun, verhindern), lagern sich außerhalb des **aktiven Zentrums** an eine zweite Bindungsstelle (*allosterisches Zentrum*) der **Enzyme** an. Ausgelöst durch diese Verbindungen verändern sich die räumlichen Strukturen der Enzyme (Konformationsänderung) und da-mit auch die räumlichen Strukturen der **aktiven Zentren**. Das Substrat kann sich somit nicht mehr an den ver-änderten Enzymen anlagern. Die enzymatische Reaktion findet nicht mehr statt und es werden keine Produkte mehr gebildet.
Diese Form der Hemmung wird als **allosterische Hemmung** (allosterisch, griech.: räumliche Aufeinanderfolge) bezeichnet. Da die Enzymaktivität durch körpereigene Inhibitoren auf diese Art sehr gut gesteuert werden kann, spricht man auch von **Regulation** (regulare, lat.: regeln, einrichten).

Arbeitsaufträge:

1. Erstellen Sie in Ihrer Arbeitsgruppe aus den zur Verfügung stehenden Schaumstoffelementen ein geeignetes Modell, welches die beschriebene *allosterische Hemmung* anschaulich darstellt.
2. Zeigen Sie Vorteile und Nachteile/Grenzen Ihres Modells auf (jedes Gruppenmitglied schriftlich in Form einer Tabelle) und überlegen Sie ggf. Verbesserungsvorschläge.
3. Verfassen Sie einen kurzen mündlichen Vortrag, in dem Sie mit Hilfe Ihres Modells die *allosterische Hem-mung* beschreiben und Vorteile/Nachteile/Grenzen des Modells herausstellen.

Kompetitive und allosterische Hemmung enzymatischer Reaktionen (aus: MARKL 2010)

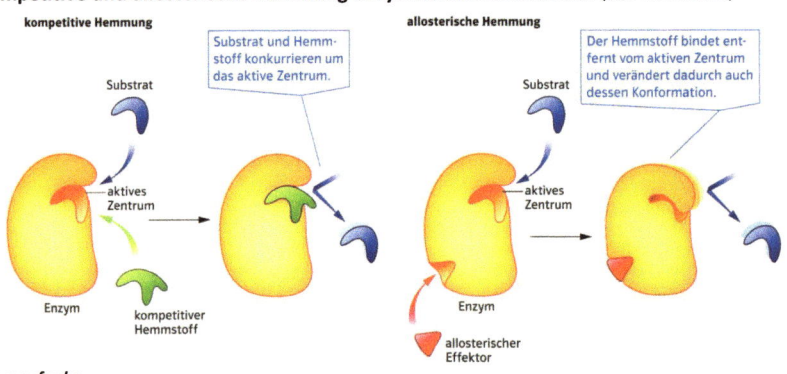

Hausaufgabe:

1. Fassen Sie mit Hilfe der obigen Abbildung und Ihrer Erarbeitungen aus dem heutigen Unterricht die Vorgänge der kompetitiven und der allosterischen Hemmung zusammen; stellen Sie dabei insbesondere die Unterschiede beider Hemmprozesse heraus.
2. Erläutern Sie an je einem konkreten Reaktionsverlauf aus dem Bereich der Zellatmung (Glykolyse, Zitronensäurezyklus, Atmungskette) die Bedeutung beider Hemmprozesse für den Stoffwechsel.
3. Beurteilen Sie Ihr im Unterricht erstelltes Modell mit Hilfe des nachstehenden Informationstextes im Hinblick auf dessen biologische Funktionalität, indem Sie Ihr Modell einem bestimmten Typus zuordnen und Vor- und Nachteile benennen.

Modelle im Biologieunterricht (verändert nach BERCK 2005 und KILLERMANN et al. 2005)

Modelle sind vereinfachte Repräsentanten (Abbilder) von realen Objekten oder Systemen. Sie entsprechen in den wesentlichen Eigenschaften dem Original, sind aber anschaulicher, weil bei der Modellbildung einzelne Merkmale eines komplexeren Systems hervorgehoben bzw. eliminiert werden. Ein Modell unterscheidet sich vom Original durch folgende Eigenschaften:

- Abstraktion (Informationsreduktion durch Hervorheben wesentlicher und Weglassen nebensächlicher Eigenschaften)
- andere Dimension (meist Vergrößerung)
- anderes Material (z. B. Kunststoff)

Modelle sollen durch strukturelle Reduktion und das Bemühen um Anschaulichkeit zum besseren Verständnis des Originals beitragen. Sie dienen sowohl der Gewinnung als auch der Vermittlung von Erkenntnissen. Je nachdem, ob Modelle in Form real existierender Gegenstände vorliegen oder in der Vorstellung konstruiert werden, unterscheidet man *Anschauungsmodelle* und *Denkmodelle*. Anschauungsmodelle können wiederum eingeteilt werden in *Strukturmodelle* und *Funktionsmodelle*. Strukturmodelle veranschaulichen morphologische oder anatomische Merkmale (z. B. Blattquerschnitt); Funktionsmodelle verdeutlichen das Prinzip von Vorgängen (z. B. Osmose, Zwerchfellatmung, Stimmbandfunktion, Katzenkralle). Damit die korrekte Funktionsweise garantiert ist, wird häufig realitätsfremdes Material verwendet und die anatomischen und morphologischen Einzelheiten stimmen daher mit der Realität oft nur in groben Zügen überein. *Denkmodelle* werden im naturwissenschaftlichen Unterricht häufiger gebraucht, als vielen vielleicht bewusst ist. Sie werden als *Konzeptions-*, *Konstrukt-* oder *Prinzipmodell* in der Vorstellung konstruiert (z. B. Bildung von Hypothesen).

```
                          ┌──────────┐
                          │  Modell  │
                          └──────────┘
          ┌─────────────────┬──────────────────┐
          ▼                 ▼                  ▼
 ┌──────────────┐  ┌─────────────────┐  ┌──────────────────┐
 │ Realmodell,  │  │ Funktionsmodell │  │ Konzeptionsmodell,│
 │ Strukturmodell│  │                 │  │ Konstruktmodell, │
 │              │  │                 │  │ Prinzipmodell    │
 └──────────────┘  └─────────────────┘  └──────────────────┘
          │                 │
          ▼                 ▼
 ┌──────────────────┐  ┌──────────────┐
 │ Anschauungsmodell│  │  Denkmodell  │
 └──────────────────┘  └──────────────┘
```

Hilfskarte 1 – kompetitive Hemmung (aus: MARKL 2010)

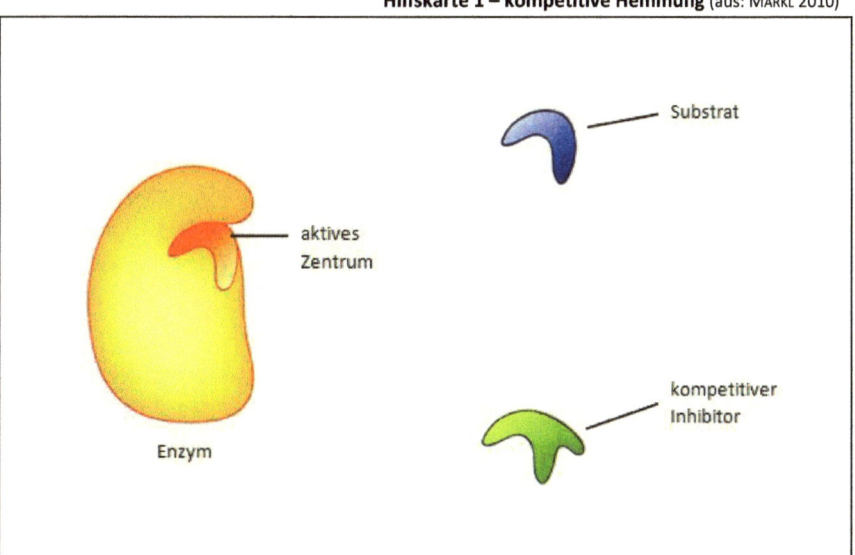

Hilfskarte 1 – allosterische Hemmung (Regulation) (aus: MARKL 2010)

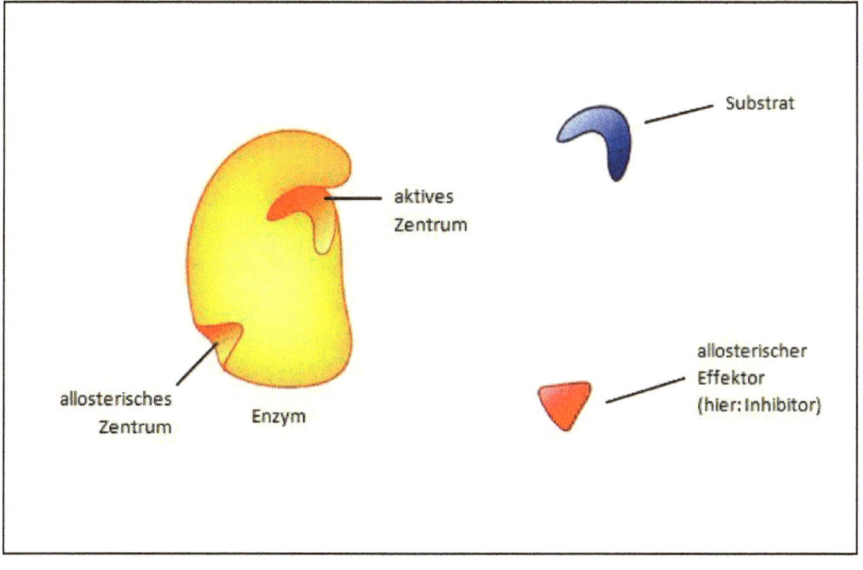

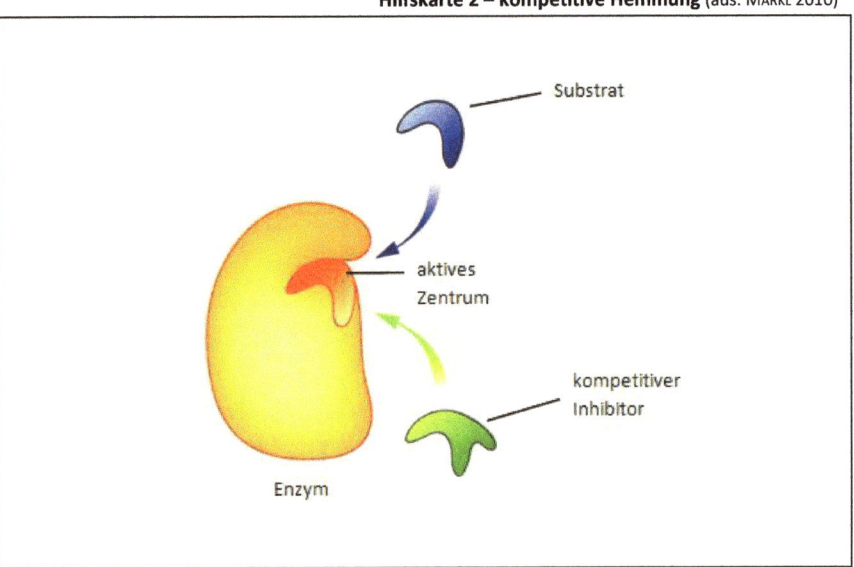

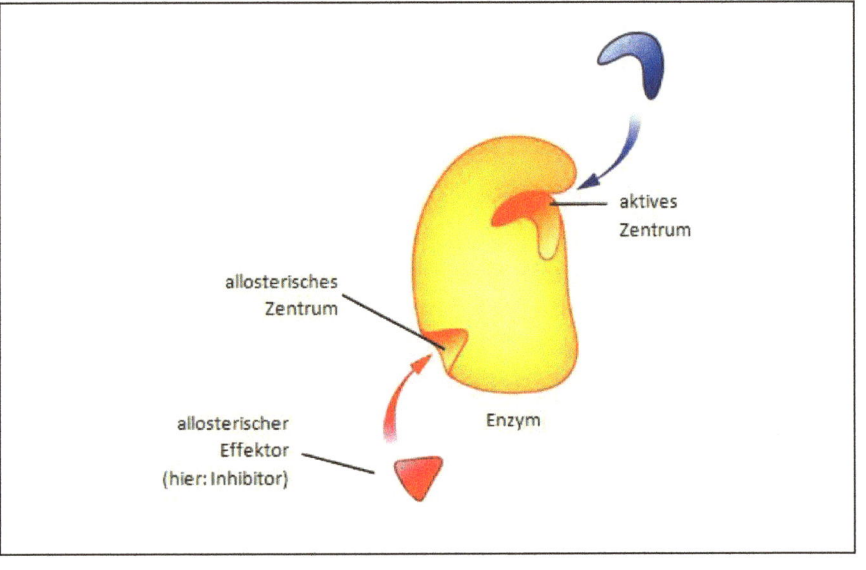

Hilfskarte 3 – kompetitive Hemmung (aus: MARKL 2010)

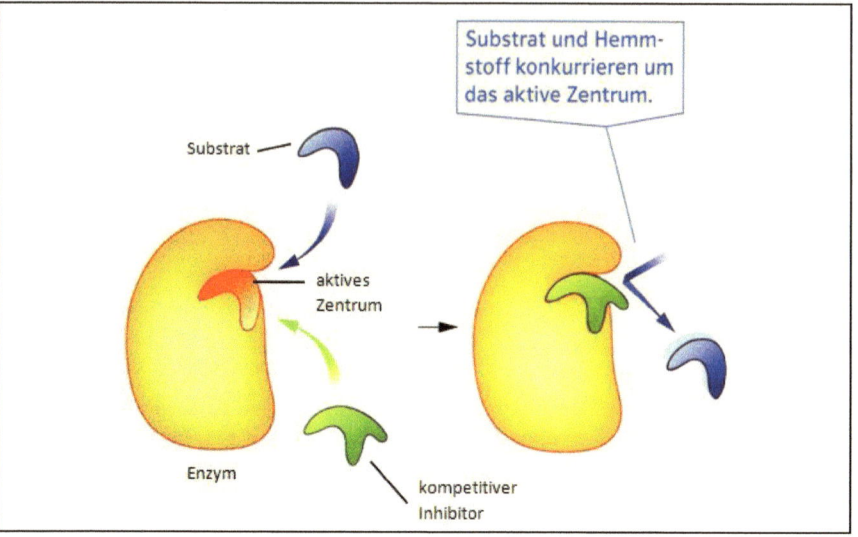

Hilfskarte 3 – allosterische Hemmung (Regulation) (aus: MARKL 2010)

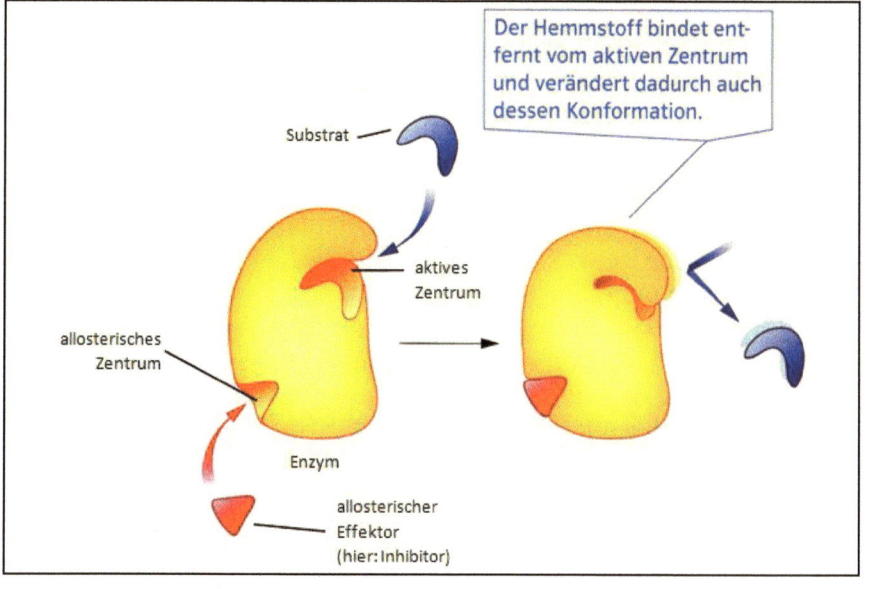

11. Quellen

Literatur

BERCK, Karl-Heinz: Biologiedidaktik. Grundlagen und Methoden. 3. aktual. Aufl. Wiebelsheim 2005. S. 155.

GILBERT, Peter, Karl-Heiz [sic!] Scharf und Rainer Stripf (Hg.): Grüne Reihe – Materialien SII. Biologie: Zellbiologie. Braunschweig 2006. S. 106-115.

HESSISCHES KULTUSMINISTERIUM (Hg.): Lehrplan Biologie – Gymnasialer Bildungsgang, Jahrgangsstufen 5G bis 9G und gymnasiale Oberstufe. Wiesbaden 2010. S. 31.

HESSISCHES KULTUSMINISTERIUM (Hg.): Landesabitur 2013 – Biologie, Chemie, Informatik, Mathematik und Physik. Operatoren in den Fächern des Fachbereiches III. Wiesbaden, Stand: 13.08.2012.

KILLERMANN, Wilhelm, Peter Hiering und Bernhard Starosta: Biologieunterricht heute. Eine moderne Fachdidaktik. 11. Aufl. Donauwörth 2005. S. 164 f.

MARKL, Jürgen (Hg.): Markl Biologie – Oberstufe. Stuttgart 2010. S. 76.

STRIPF, Rainer (Hg.): Modelle konstruieren. In: Methoden-Handbuch Biologie. 2 Bde. Köln 2006. S. 257-261.

Lehrfilm

GESELLSCHAFT FÜR INFORMATION UND DARSTELLUNG MBH: Hemmung und Regulation der Enzyme [gekürzt]. In: Enzyme (DVD). Odenthal 2012. Kap. 5.